推薦のことば

「未来に生きる人、家族の方、
すべての人に読んでもらいたい」

村井 純
日本のインターネットの父／計算機科学者／慶應義塾大学環境情報学部教授

インターネットで社会が大きく変わるインターネット文明がはじまっています。夢を実現すること、課題を解決すること、世界がつながること、今までより簡単に自由にできるようになりました。これからの子どもたちはこの新しい文明で豊かに健やかに育ってほしい。そのために知るべきことがある。そのための新しい学びをこの本が提供します。とても大切なことを楽しく読めます。未来に生きる人、家族の方、すべての人に読んでもらいたいと思います。

「ルビィといっしょにインターネットを探検しに行きませんか」

まつもと ゆきひろ
プログラミング言語デザイナー／プログラミング言語 Ruby のパパ

インターネットってなんでしょう。とっても便利で楽しくて、みんなが使っているけれど、その正体は謎のままです。この本はインターネットのしくみをちょっぴり教えてくれます。ルビィといっしょにインターネットを探検しに行きませんか。

謝　辞

この絵本の翻訳は、つぎの大人たちと子どもたちにとても助けられました。
阿部博さん、阿部希さん、打浪文子さんとゆりさんとかなさん。
原田騎郎さん、和智右桂さん、兼宗進先生（大阪電気通信大学）、
白井詩沙香先生（大阪大学サイバーメディアセンター）。
専門的な意見も、実際にれんしゅうもんだいをやってくれたするどい意見も、
どれも大切なこの本の一部です。
ほんとうにありがとうございます。
すてきな推薦をいただきました村井純先生、まつもとゆきひろさんにも、心からお礼を申し上げます。
そして、本の内容に意見をくれただけでなく、
子育てとプログラマーの仕事と翻訳の三つのチャレンジを支えてくれた、
とても大切なパートナーの笹田耕一さんには、変わらぬ感謝と愛をおくります。

この本が、子どもたちのインターネットへの探検を、安全で楽しく、
発見に満ちたものにしてくれますように。

訳者　鳥井 雪

インターネットたんけん隊

リンダ・リウカス 作
鳥井雪 訳

ピルヨ、ヘイッキ、ミカエルへ、
わたしが家のモデムを占領してたすべての年月へ

Copyright © Hello Ruby Oy, Linda Liukas 2017
Original title: /Hello Ruby: Expedition to the Internet/ by Linda Liukas
Published in the Japanese language by arrangement with Rights & Brands
through Tuttle-Mori Agency, Inc., Tokyo

保護者の方へ

　今の世代の子どもたちは、コンピューターとともに育っています。インターネットは生活の一部です。子どもたちは、世界の反対側にいる友だちと、オンラインでおしゃべりをしたり、自分のチャンネルを始めたり、インターネット上でゲームを遊んだりすることができます。子ども時代を、インターネットの上で過ごすようになってきているのです。

　子どもたちにとって、インターネットは当たり前にそこにあるものです。でも、インターネットが何なのか、そしてそれが実際にはどのようにして動いているのかを知る人はほとんどいません。それは雲（クラウド）でしょうか、それともケーブルの束でしょうか？　情報はどのようにインターネットを旅するのでしょうか？　そして、なぜインターネットを通して人びととつながる必要があるのでしょう？

　この本でルビィ、ジュリア、ジャンゴは雪のインターネットをつくります。雪のインターネットで、子どもたちは少しこわい目にもあいます。しかしそれ以上に、彼らは探検と、冒険のわくわくする気持ちを楽しんでいるのです。

　この本は、保護者の方と一緒に取り組むようにつくってあります。まずは物語のパートから読み始めるのがいいかもしれません。そのあとに、6章分の練習問題パートがあります。各章には、創造性をコンセプトに組み立てられた練習問題がそろっています。練習問題を一度だけでなく、なんども遊んでみてください。間違えたり、同じ問題に違う解釈をしたりするのは当然のこと、それでいいんです。ルビィのぼうけんのウェブサイト（shoeisha.co.jp/book/rubynobouken/*1）から追加の練習問題を探すこともできます。

　「おどうぐ箱」の囲みには、保護者の方に向けた情報と、その章で扱っているテーマに関連したキーワードを載せています。このキーワードを手掛かりにして、さらに知識を深めることができます。

　わたしがインターネットの世界をめぐる旅を始めたのは、もう20年以上も前です。わたしの記憶にあるインターネットは、もっと礼儀正しく、もっと匿名性の高いものでした。わたしはジェダイの騎士、サンライダーとしてインターネットを冒険し、自分が応援するアイドルたちのファンサイトをせっせとつくっていました。

　インターネットは、わたしが初めて体験したときから、変わり続けてきました。今の時代の子どもたちは、アプリと広告がぎっしり詰まって商用化されたインターネットの世界の歩き方を身につけなければいけません。そして、これからもインターネットは変わり続けていくでしょう。きっとコピー機や、鉄道や、タイムカプセルやスペースシャトルのようなものに。

世界は変わり続けている・・・
世界を作っているのは、
もはや点在する島々、広々とした土地、
海、山々ではない。
世界は網の目のようなものなのだ。

ローリス・マラグッツィ

*1　shoeisha.co.jp/book/rubynobouken/

とうじょうじんぶつ

ルビィ

あたらしいことをおぼえるのがすき。あきらめるのがきらい。自分の考えをみんなに知ってもらうのも、すき。ちょっとだけ聞いてみる？ 一番すきなのはパパ。じょうだんもとくいだよ。いたずらを考えだすのならおまかせ。それからカップケーキはイチゴぬきのやつで、よろしく。

ひみつの ふしぎなちから	心の中に、なんだって思い浮かべることができるよ。	きらいなもの	考えがこんがらがるのが大きらい
たんじょうび	2月24日	すきなことば	どうして？
きょうみがあるもの	地図、ひみつ、暗号、ちょっとしたおしゃべり		

ジュリア

大人になったら科学者になりたい。ロボット工学に興味があるの。すごく頭が良くてかわいいAIロボットを持ってるよ。ルビィは一番のなかよし、ジャンゴは最高のお兄ちゃん。

ひみつの ふしぎなちから	いっぺんにたくさんのことができるよ。なん百だって！	きらいなもの	考えもせずに、いきなり答えに飛びつく人たち。
たんじょうび	2月14日	すきなことば	よく考えさせて。
きょうみがあるもの	科学、数学、インド、ぴょんぴょん跳ねること		

ジャンゴ

ジュリアのお兄さん。パイソンっていう、ヘビのペットがいる。ぼくは、とてもてきぱきしていて、がまんづよくて、ちょっとがんこ。数えられるものがすき。ちょうどの数、はんぱな数、ひとりきりの数、3回掛けた数、同じ数どうしで掛けられる数、前に進む数と後ろに戻る数。でも、まじめすぎるってことはないよ。

ひみつの ふしぎなちから	いつだって、問題のとき方を知ってるよ。	きらいなもの	列に並んでるときに、まわりに人がガヤガヤあつまること。
たんじょうび	2月20日	すきなことば	こみいってむずかしいより、すっきりかんたんなほうがいい。
きょうみがあるもの	サーカス、てつがく、ヘビっぽいいろいろ		

ルビィとジュリアはとってもなかよし。
おなじ学校に通って、おなじ通りの家に住んで、
毎日いっしょに遊びます。

ときどきは、ルビィとジュリアもけんかします。

「心に思い浮かべることができたら、どんな問題だってだいじょうぶ」とルビィが言えば、

「だいじなのは、"本当"を見つけることでしょ」とジュリアが言います。ジュリアは科学者になりたいのです。

「つまんないこと言わないで」ルビィがムムッとつっかかると、

「ルビィって子どもっぽい」ジュリアが大人みたいなため息をつきます。

でも、けんかは長くは続きません。
なかよしでいるほうが、ずっと楽しいからです。

ふたりは学校が終わったので、外に出て雪遊びをしようと
わくわくしています。

「何をしようか?」緑のブーツをはきながらルビィが聞くと、
「雪のお城をつくろうよ」とジュリアがアイディアを出しました。
「いいね！　わたし、塔のつくり方、知ってるよ！」と
ルビィ。

外は一面、降ったばかりの雪におおわれていました。

「雪の上で手足をバタバタさせたら、
天使のあとみたいに見えるかな?」
ジュリアがたずねると、
「ううん、わたしなら・・・
おばけのあとをつくりたいな!」
ルビィがシシシと笑います。
ジュリアもいっしょに笑いました。
「ルビィ、あなた、雪については
こだわりがあるんだね」
「雪合戦だ!」ふたりの後ろで、
だれかが大声を出しました。
ジュリアのお兄ちゃんのジャンゴです。

雪だまをぶつけられて、ルビィは髪についた雪をふり落としました。
「今のはひきょうだよ」
ルビィは口をとんがらせます。

「ジャンゴとなんか遊ばない。わたしたち、雪のお城をつくるんだから。塔とか、すっごくかっこいいのを、いろいろつけるんだから！」
「たとえばどんな？」ジャンゴが聞くと、
「えっと、たとえば、・・・うーんと、そう、雪でつくる、
雪のインターネット！」とルビィは答えました。
「雪のインターネットって、すごくいい考え！」ジュリアが言って、
お兄ちゃんのジャンゴをにらみます。

シャベルと、バケツと、ひもを持って、
雪のインターネットをつくる準備はできました。
でも、どこから手をつければいいのでしょう？

「庭につくったほうがいいかな？」ジャンゴがたずねると、
「インターネットは場所じゃないよ」ルビィがちがうと言います。
「いいよルビィ、きみが監督だ。インターネットってじゃあ、
なんだと思う？」ジャンゴが聞きました。

「インターネットってね、楽しいこと、
ぜんぶあつめてできてるもののこと！」ルビィはうれしそうに説明します。
「猫とか、おどるハムスターとか、すっごいなぞなぞとか。
インターネットで、あたらしい友だちが何千人だってつくれるし、
自分がつくったものが何億回だって見てもらえるんだよ」

ジュリアもインターネットにわくわくしてきました。

「インターネットには塔とケーブルがある。
それは空の人工衛星  にまでとどくし、
海の底くらい深い場所までもぐっていく」
「インターネットでは、ものが光の速さで動いていって、
それから、インターネットは大きな雲にかくれちゃうこともある」
「インターネットって、つまり、
世界で一番大きなジャングルジムのこと」
ジュリアはそう答えを出しました。

さいごに、ジャンゴも話にのってきました。

「インターネットは、世界中の情報を見て回ったり、
送り出したりするのがすごいところだよ」
「でも、情報は、どうやって行き先を見つけるの?」
ルビィがたずねると、
「インターネットの交通ルールを守ってるんだ。
行き先を見つけるのはかんたんだよ。だって、
インターネットにあるものにはぜんぶ、住所がついているからね」

三人は、何時間もいっしょうけんめいがんばりました。

雪のインターネットはとうとう形ができあがりました。
でも・・・
「わたしが思ってたのと、
ちょっとちがうな」
ルビィがため息をつきました。

「ワイヤーとケーブルは、まだひとつもついてないから」
ジュリアが、ルビィを元気づけて言います。
「住所表示もおかなきゃね」ジャンゴがつけたしました。

ルビィは、いっしょうけんめい考えました。
「わかった！」

「友だちだ！　もっとたくさん友だちがいたら、
ずっとインターネットっぽくなるよ！」
「わたし、ペンギンさんたちを呼んでくるね」
ルビィは夢中になっていたので、ひとりで川のほうには
行かないほうがいいってことを、すっかり忘れていました。
とりわけ、あたりが暗くなる時間には、
ぜったいに行ってはだめなのです。

ルビィはペンギンたちを見つけて
手をふりました。
でもそのとき、氷の下に、
何かがいるのが見えました。

「ルビィ！　だいじょうぶ？」ジャンゴが聞きました。
「大きな音がしたから、足あとを追いかけてきたんだ」
「もうなにも心配ないよ」ジュリアが、
なみだぐむルビィをなぐさめます。
ルビィはうんとうなずいて、なみだをぬぐいます。
「雪が降りはじめたみたい」ルビィは小さな声で言いました。
「氷がうすいって注意があるのは、このためなんだね」とジャンゴ。
「気をつけていればいいだけ。こわがることないよ」
ジュリアが、ルビィをだきしめます。
「雪のインターネットのところに戻ろう」
ジャンゴが明るい声でさそいました。

「もう、できてたの?」
ルビィは、はっとおどろきました。

「わぁ、インターネットって最高!」ルビィは大きく声をあげます。
「すてきなものがいっぱい!」

38

雪のインターネットづくりは、とても楽しいものでした。

「小さなかけらでできてて」ジュリアが言い出すと、
「それがみんなつながっている」とルビィが続けて、それから
「友だちみんな、だれかがいなかったら、
おんなじものはできなかったね」とつけたしました。
「ぼくたち、すごくいいチームになったね」
ジャンゴがにっこりと言いました。

れんしゅうもんだい

インターネットってなんだろう？　ルビィが考えたみたいに、友だちとおしゃべりしたり、
ゲームをしたりするところ？　それとも、ジュリアが言ったみたいに、
回線やケーブルがあつまってできているところ？　それとも、ジャンゴが考えるみたいに、
コンピューターどうしで話をする方法かな？
リュックサックに荷物をつめて、じゅんびをしよう。これから、
インターネットのたんけんに出かけるんだ。

1
インターネットってなんだろう？

ルビィとジュリアとジャンゴは、雪のインターネットをつくって遊んでいたね。
でも、本当のインターネットはもっとずっと、たくさんのものとルールでつくられているんだ。

インターネットは、世界中のコンピューターをつなぐ大きなネットワーク（つながり）だ。インターネットでは、コンピューターはおたがいに話ができる。あるコンピューターから他のコンピューターへ、データを動かすことでね。
インターネットは、いろんなことにつかえる。ゲームにも、おしゃべりにも、動画を見るのにも、Eメールを送るのにも、ウェブサイトを見るのにも、買い物をするのにも。なにより、新しい友だちもつくれるし、新しくできることも増えるんだ。

おどうぐ箱

インターネット上では、コンピューターは互いに繋がりを持って、情報を共有します。インターネットはハードウェアとソフトウェアによって構成されています。インターネットの電気的な、あるいは機械的な部分がハードウェアです。たとえばケーブル、ルーター、サーバーなど。インターネットを動かす命令、通信方法のルール、プログラムがソフトウェアにあたります。一番重要なのは、インターネットは人々がものごとを共有し、互いにコミュニケーションするために作られたということです。

- インターネット
- ネットワーク
- ハードウェア
- ソフトウェア

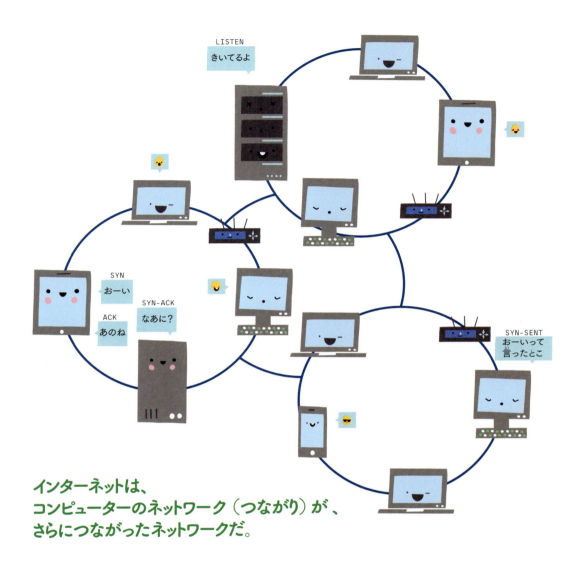

インターネットは、
コンピューターのネットワーク（つながり）が、
さらにつながったネットワークだ。

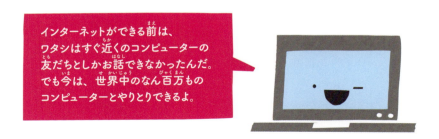

> **れんしゅう1：インターネット**

インターネットでなにができる？

コンピューター、ノートパソコン、スマートフォン、タブレット、それからゲーム機からでも、インターネットの世界に出ていける。それに本当は目ざまし時計やせんたく機、お気に入りのおもちゃだって、インターネットにつながってるかもね。みんな一日に何回もインターネットをつかってる。ほとんど気づかずにね。一週間、インターネットをつかうたびに、きろくをとってみよう。インターネットでなにをやっているかな？　きろくを、友だちと見せあってみよう。

日づけ	機械	やったこと

何回インターネットをつかったか

いっしょに考えよう

ここに出たものを、どうやったらインターネットをつかわずにできるかな？大人に、インターネットがない子ども時代がどんなものだったか、聞いてみよう。

shoeisha.co.jp/book/rubynobouken/play/19 のサイトから、きろく用紙をプリントアウトしよう。

れんしゅう２： ハードウェアとソフトウェア

インターネットはなにでできている？

ジュリアとジャンゴはゲームをしてる。インターネットにつながるアイテムをあつめていくんだ。インターネットに入らないものが５つある。はじめにそれをさがしてみよう！その５つのマスには進んじゃダメだよ。
わからないことばがあったら大人といっしょに用語集（94ページ）を見てね。

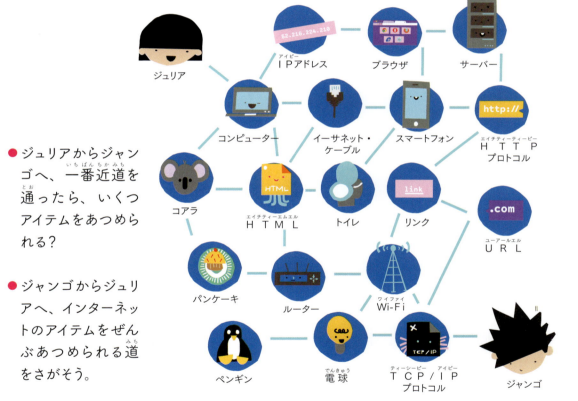

- ジュリアからジャンゴへ、一番近道を通ったら、いくつアイテムをあつめられる？

- ジャンゴからジュリアへ、インターネットのアイテムをぜんぶあつめられる道をさがそう。

 いっしょに考えよう

どのアイテムがハードウェアで、どれがソフトウェアか、話し合ってみよう。

れんしゅう3：ネットワーク

ネットワークってなんだろう？

ネットワークは、身の回りのどこにでもある。ネットワークって、たんに、おたがいにつながった人やもののグループってこと。

ソーシャル・ネットワーク

たとえば家族や学校のクラスは、ソーシャル（人づきあい）・ネットワーク。人と人とのつながりで、できてるよ。じかに顔を合わせるどうしでも、インターネット上でも、ソーシャル・ネットワークの一人になることができる。

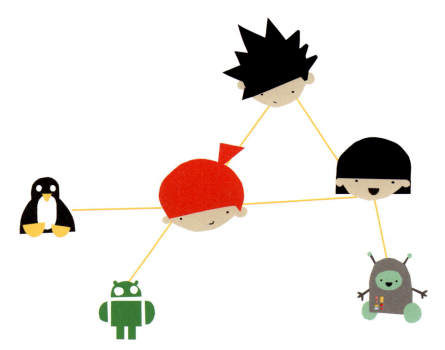

いっしょに考えよう

自分は、どんなソーシャル・ネットワークにいるかな？
家族のつながりの線を書いてみよう。
みんなは、どうしてネットワークを、どんな目的でつくるんだろう？

もののネットワーク

ものでつながるネットワークもあるよ。たとえば鉄道ネットワークは、電車と線路でつながっている駅がつくるネットワークだ。

氷の家、イグルーの村を見てみて。イグルー一つずつが、他のイグルーと二つはつながっていないといけないとする。線を指でをたどってみて。つながりが切れてるところがわかる？

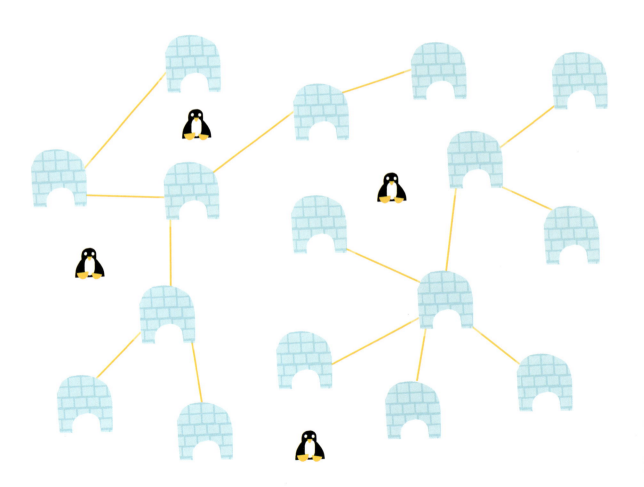

れんしゅう４：ネットワーク

コンピューター・ネットワーク

コンピューターのつながり方は、いろんな形がたくさんあるんだ。コンピューター・ネットワークを形づくるいろんなパターンをいくつか見てみよう。

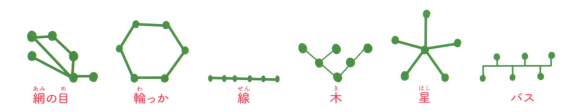

網の目　　輪っか　　線　　木　　星　　バス

次のページのコンピューターを見て。上のパターン、ぜんぶ見つけられるかな？このパターンをつかって、同じコンピューターをつなげてみよう。

ヒント ノートを用意して、一つの色のコンピューターだけをかきうつしてみよう。その色のコンピューターを一つずつ丸くかこみ、上のパターンのどれかをつかってコンピューターどうしを線でつなげてみよう。

どのコンピューターが、どのネットワークのパターンをつくってるかな？
ネットワークの名前を書いてみよう。

さあ、それぞれのネットワークから、コンピューターをどれかえらんで、他のネットワークとつなげてみよう。これで、ネットワークのネットワークが完成だ！

50

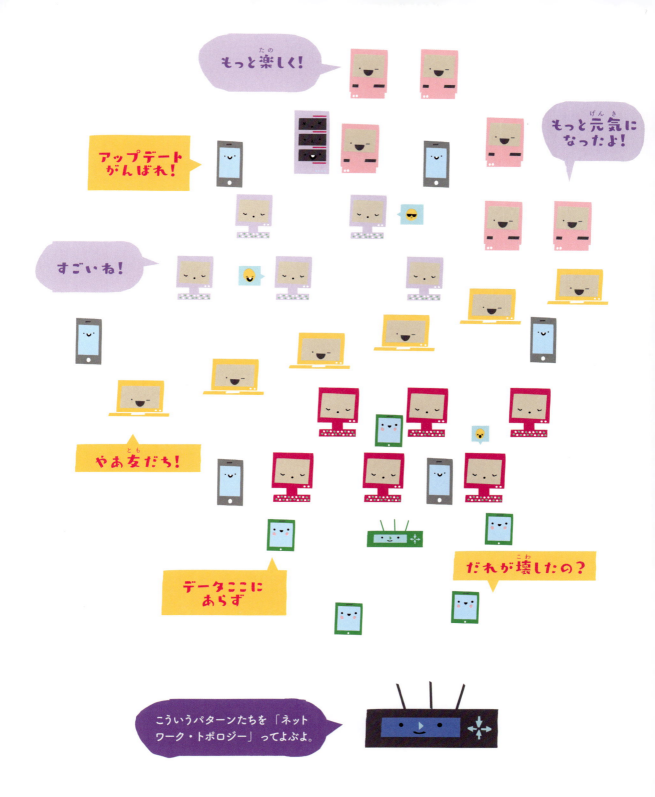

れんしゅう 5：インターネット

リンクをつけたす

リンクのおかげで、インターネットは見てまわりやすくなる。リンクをクリックするかタップすれば、べつのウェブページに飛べる。文字でも、絵でも動画でもリンクにできる。

アイスクリーム・ショップ
ルビィは、新しくつくったアイスクリーム・ショップについてページをつくったよ。動画と地図とメニューもね。ルビィのページを見てみよう。どの言葉が、どのアイテムとつながるかな？

動物びょういん
ジュリアは、かぜをひいた雪ひょうのお世話の仕方を書いたよ。少なくとも3つの言葉がリンクにできそうだ。そのそれぞれのリンクはどんなページに行きそう？ どんなことがくわしく書いてあったらべんりだと思う？

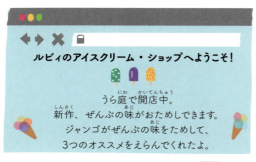

ジャンゴの動画

地図と住所

メニュー付きウェブページ

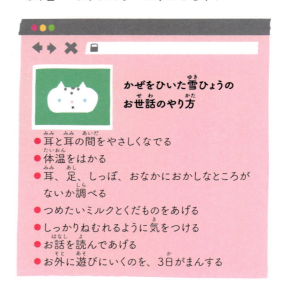

- 耳と耳の間をやさしくなでる
- 体温をはかる
- 耳、足、しっぽ、おなかにおかしなところがないか調べる
- つめたいミルクとくだものをあげる
- しっかりねむれるように気をつける
- お話を読んであげる
- お外に遊びにいくのを、3日がまんする

いっしょに考えよう

新聞の記事を用意しよう。そこがリンクになればべんりだろうなっていう言葉や写真にしるしをつけよう。記事をノートにのりではって、リンクがつながりそうなサイトについて短くせつめいを書こう。

れんしゅう6：インターネット

インターネットを絵にしてみよう

図をかくときのおやくそくでは、インターネットは雲や、ばくはつや、星や、へんなかたまりでかくことになってる。でも本当には、インターネットがどんな形をしてるのか、だれも知らないんだ。

きみが思うインターネットを絵にしてみて。その絵の中に、自分も入れられる？きみはどこにいるかな？

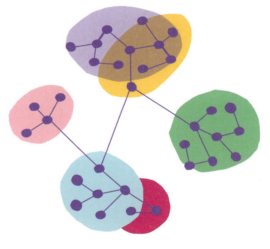

インターネットとかかわりのある、なにか**すっごく大きなもの**をかいてみて

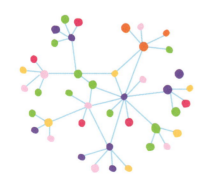

インターネットとかかわりのある、なにか小さなものをかいてみて

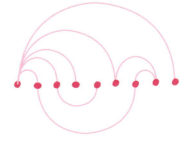

 shoeisha.co.jp/book/rubynobouken/play/15 のサイトにいって、他の子たちがかいた絵を見てみよう。

53

> インターネットはいつできたの？

> インターネットは、生まれてから40才をすぎたばかり。でもインターネットにつかわれてるケーブルのいくつかは、150年以上も前のものだよ！

2 インターネットを支えるせつび

地下を通るインターネット・ケーブルや、海底ケーブル、ワイヤレスでつながる場所が、ネットワークをつくってる。海をこえて、世界中のほとんどぜんぶの国をつないでるんだ。

おどうぐ箱

インターネットは無数のコンピューターで構成されています。データはコンピューターの間を、回線やケーブル、携帯基地局の電波塔や人工衛星を通じて行き来します。

クラウド・コンピューティングとは、データが手元のコンピューターではなく、インターネットの向こうのサーバー上に保存されることです。

サーバーとはデータを保存し、それをクライアント（依頼元）に提供するコンピューターです。

クライアントとは、コンピューターやノートパソコン、スマートフォンなどを指します。

ルーターは、インターネットを巡る情報が、正しい行き先を得るのに役立ちます。

ワイヤレス・ネットワーク（よくWi-Fiと呼ばれます）は、限られた範囲で、コンピューターが無線でつながるようにする技術です。ケーブルの代わりに電波を使います。

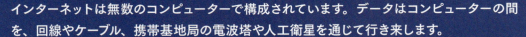

ネットワーク機器　回線　ケーブル　Wi-Fi

れんしゅう7：ネットワーク機器

見えないようで、見えている

インターネットは目に見えないって思っちゃうね。でも、注意深くかんさつしたら、インターネットの部品になってるものが見えてくるよ。家やご近所を歩いてさがしてみよう。

インターネットにつながっている機械

- インターネットをつかう機械は、ぜんぶインターネット・ネットワークの一部。コンピューターとノートパソコン、スマートフォンをいくつ見つけられるかな？
- 他にも、家の中やご近所で、インターネットにつながってるものがあるはず。どれかな？
- 家でつかってるルーターは見つけられる？

ケーブル

- 家のインターネットにかんけいありそうなケーブルを見つけられる？
- 家や学校の絵をかいて、インターネットにつながるいろんなケーブルを書きこんでみよう。

上を向いたり、下を向いたり

- 木やかべを見上げよう。インターネットとかんけいのありそうな箱は見つけられる？
- 道路に出て下を向こう。マンホールのふたがある？ インターネット・ケーブルはだいたい地下にかくれてる。
- インターネットをつかうには、インターネットに接続することが必要だ。インターネット接続は、ISP（Internet Service Provider）から手に入る。プロバイダーの広告を見たことある？

ルーター

マンホールのふた

Wi-Fi ホットスポット

ISPの箱

れんしゅう8：ケーブル

海底ケーブルをしゅう理しよう

海底ケーブルも、インターネットをつくる大事なものの一つだ。
インターネット・サービスが切れちゃった！ってお知らせがいくつもきたよ。だいじょうぶ、しゅう理用の船とせんすいロボットはじゅんびばんたんだ。
船とせんすいロボットを、それぞれ正しい場所に向かわせられるかな？　それぞれの行き先を、下の地図の、ABCDの文字と、1から6までの数字を組み合わせて書き入れよう。

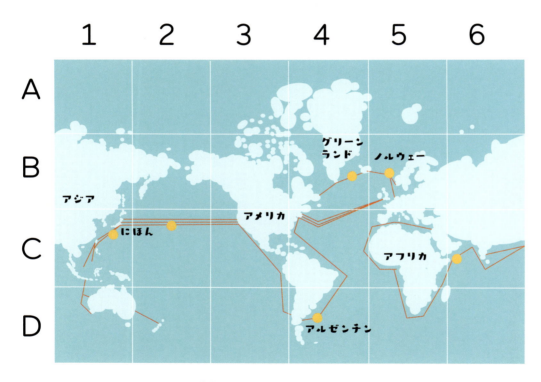

インターネットの地図をたどって、海底ケーブルが、それぞれの大りくをどうやってつないでいるか見てみよう。海にしゅう理船や、海底ケーブルしゅう理用のせんすいロボットの絵をかいてみよう。

- 日本で急いでしゅう理がひつようだ！ロボットが助けにいこう！
- ピンクのせんすいロボットが行くところ：

- アメリカとアジアをつなぐケーブルが、サメにかじられちゃった。
- 赤い船が行くところ：

- グリーンランドで古いケーブルを取りかえなくちゃ。とくべつなせんすいロボットの仕事だ！
- 黄色いせんすいロボットが行くところ：

- 長いつり針が、ノルウェー海岸近くのケーブルをきずつけちゃった。
- 緑の船が行くところ：

- 海底火山が、アフリカの一番東のほうでふん火して、そのあたりのインターネットの行き来がおそくなっているみたい。
- 青の船が行くところ：

- 船が、アルゼンチンの近くの海底にいかりを引きずって、そこのケーブルをかなりダメにしちゃったみたいだ。
- むらさきの船が行くところ：

57

れんしゅう9： Wi-Fi（ワイファイ）

Wi-Fi さがし

Wi-Fiネットワークでは、コンピューターはインターネットや他のコンピューターと、目に見えない電波でつながることができるよ。どんなWi-Fiネットワークも、名前を持ってる。自分がつかってるネットワークの名前を知ってる？
Wi-Fiって、キャラクターにしたらどんな子だと思う？ 考えたキャラクターに、楽しいせつめいをつけてみて！

（例）

なまえ：	リンクシス
つよさ：	4本中3本
せいかく：	いろんな場所にいて、おひるねしながらアクセスポイントにつながるよ。

いっしょに考えよう

Wi-Fi がそこにあるかどうか、どうやってわかるんだろう。ノートパソコンやタブレット、スマートフォンで、Wi-Fi の名前を三つさがせる？ Wi-Fi につないだことがなければ、はじめる前に大人にたのんでみてね。

れんしゅう10： Wi-Fi（ワイファイ）

電波塔のたたかい

けいたい基地局の電波塔は、スマートフォンとつながってるよ！

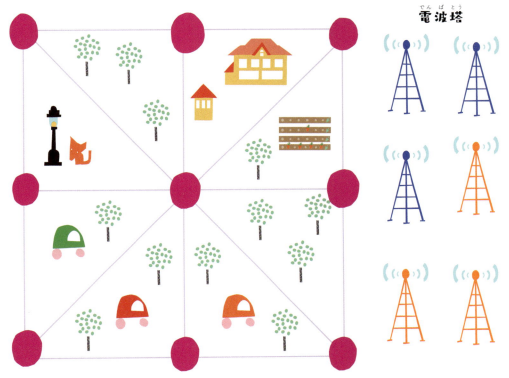

- ゲームのもくてきは、たてかよこかななめ、どれか三つの電波塔をそろえること。二人でやるゲームだよ。
- プレーヤーはさいしょに三つの電波塔を持っている。電波塔のコマをかくか、小さなコインを代わりにつかってね。
- はじめは、ひとり一つずつこうたいに、外がわにある赤丸に電波塔をおいていく。それから順番に、電波塔を一回に一つずつ動かすことができる。電波塔は、空いている赤い丸のところならどこにおいてもいい。
- 三つの塔をさいしょにならべられた人が勝ち。

れんしゅう11： ネットワークをつなぐハードウェア

ごちゃまぜサーバー

サーバーには、Eメール、画ぞうやウェブサイトみたいに、いろんなものが入っている。サーバーは世界のいろんな場所でつながりあって、大きなデータのあつまりをつくっていることも多いよ。

おっと、サーバーとクライアントの組み合わせがごっちゃまぜになっちゃった。どのクライアントがどのサーバーに行きたいのかな？

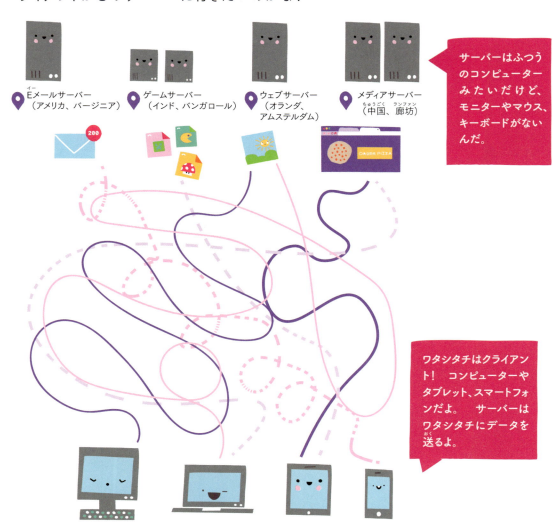

れんしゅう12：ケーブル

インターネットのスピード

メッセージや画ぞう、動画を、インターネットのケーブルとネットワークを通して送るために、コンピューターは送るものをデジタルなほうほうで表現したデータにかえるんだ。デジタルなほうほうって、ぜんぶを0と1にかえちゃうってこと。くわしくはれんしゅう14でやるよ。

デジタルなかたちになったデータは、光の速さで動くことができる。
黄色い丸を一こずつじゅんばんに押して、ぐるっと地球を回ってみて。できるだけすばやく！ 10秒の間に、世界を何しゅうできるかな？

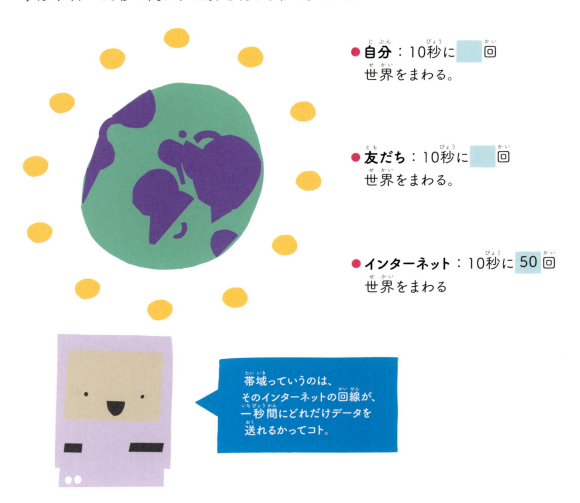

れんしゅう13： ネットワークをつなぐハードウェア

道じゅんを決める

インターネット上をめぐるメッセージは、一つの道だけを通るわけじゃない。世界中に数えきれないくらいちらばる「ルーター」を通って、たくさんのいろんな道を通るんだ。ほとんどのルーターは、たったの数ミリ秒で、とてもたくさんのデータを送ることができる。他のルーターよりいそがしくしてるルーターもあるよ。

下の絵の、ルーターの間の数は、メッセージがそこを通るのに、どれだけ時間がかかるかを教えてくれる。きみが通るぶんの数を足していこう。クライアントのコンピューターからサーバーまで、どの道じゅんが一番早く着く？ どれが一番おそい？

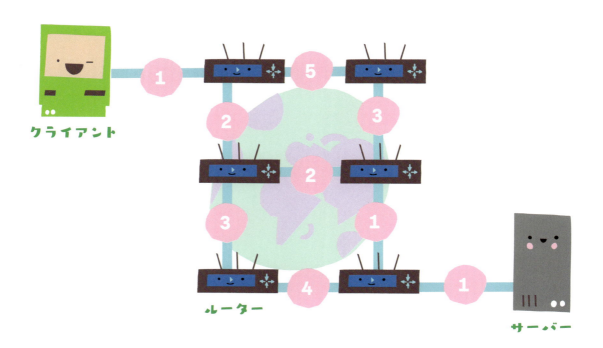

クライアントのコンピューターからサーバーまで、今度はどの道じゅんが一番早い？

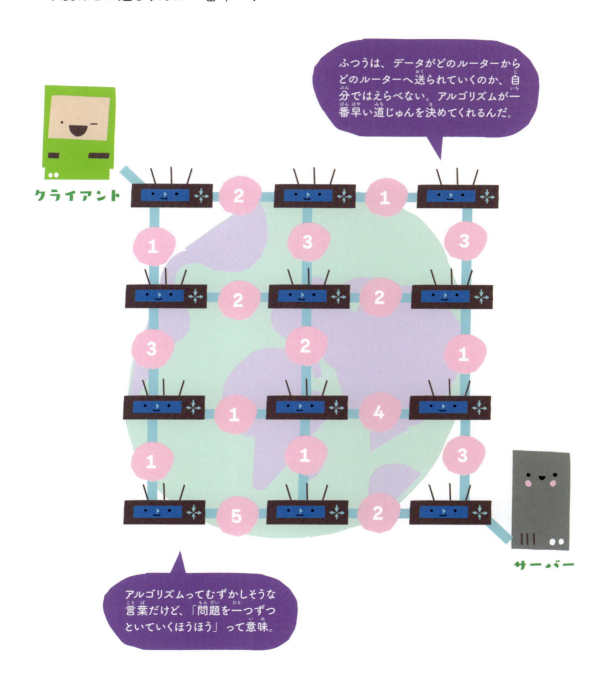

> インターネットで、コンピューターがどうやっておしゃべりするのか、だれが決めてるの？

> ネットワークのプロトコル（おやくそく）は、くわしい人たちのグループが決めているよ。今でも話し合いつづけているんだ。

3 インターネットのプロトコル（ルール）

昔は、それぞれのコンピューターが勝手に自分のやり方で話をしていたんだ。でも、インターネットをつかうコンピューターは、みんな同じおしゃべりのルールをつかっている。そのルールを「プロトコル」って言うよ。

おどうぐ箱

コンピューターがお互いにデータをやりとりする際、データは何万もの細かいパケットに分割され、インターネットを渡ります。
TCP/IP（Transmission Control Protocol/Internet Protocol）というプロトコルは、それぞれのコンピューターがお互いと通信する際のルールです。各インターネット機器は（あなたのコンピューターやスマートフォンも含め）それぞれ独自の IP アドレスを持っています。IP アドレスは数字の並びです。コンピューターは数字の形の IP アドレスを使いますが、人間には覚えやすいよう、文字と数字でできたアドレスがあります。このアドレスのことを URL（Uniform Resource Locator）と呼びます。DNS（Domain Name System）はすべてのアドレスのリストを持っていて、URL を IP アドレスに変換することができます。

`パケット交換` `URL` `IPアドレス` `TCP/IP` `DNS` `デジタルデータ`

64

れんしゅう14： デジタルデータ

情報ってどんなふうに見える？

コンピューターは、デジタルの形でしか情報をあつかえない。それってつまり、どんなデータもさいしょに0と1の形にかえられるってこと。メッセージや画ぞう、動画をインターネットにそのままのせるんじゃなくて、コンピューターは0と1でできたデータを送っているんだ。
0と1の二つだけをつかって、とてもたくさんのことができるんだね！

ノートに、下の絵をうつしてみよう。次のルールで、四角いマスを色ぬりしてみよう。

			1	1	1	1	1
		1	1	1	1	1	1
	1	1	1	1	1	1	1
	1	1	1	1	1	1	1
	1	1	0	1	1	0	1
	1	1	1	0	1	1	1
	1	1	1	1	1	1	1
	1	1	0	0	0	1	1
	1	1	0	0	0	0	1
	1	0	0	0	0	0	1
	1	0	0	0	0	0	1
	1	0	0	0	0	0	1
0	0	0	0	0	0	0	1

 1 = 黒

 0 = 青

なにが見えた？
自分でもピクセルをつかって絵をかいてみよう。

れんしゅう 15： パケットこうかんと TCP/IP（ティー・シー・ピー / アイ・ピー）

ひみつのメッセージ

インターネットをつかって、友だちにメッセージや写真を送るときには、そのデジタルデータは「パケット」ってよばれる小さなまとまりに分けられる。パケットは、受け取りがわに、いろんな通り道をつかってとどけられて、向こうでまた組み立て直されるんだ。それぞれのパケットには、だれが送ったかと、どうやってパケットが組み合わさると元のメッセージにもどるかってやり方もついてくる。

ルビィ、ジュリア、ジャンゴから送られたメッセージを、元にもどすことができる？正しいならびじゅんになるように、「じゅんばん」をよく見てね。

あてさき：ジャンゴ
さしだしにん：ルビィ
じゅんばん：3つのうちの3番目
メッセージ：いよう

あてさき：ルビィ
さしだしにん：ジャンゴ
じゅんばん：3つのうちの1番目
メッセージ：今日

あてさき：ジャンゴ
さしだしにん：ルビィ
じゅんばん：3つのうちの1番目
メッセージ：ずっと

あてさき：ルビィ
さしだしにん：ジャンゴ
じゅんばん：3つのうちの2番目
メッセージ：いっしょに

あてさき：ジャンゴ
さしだしにん：ジュリア
じゅんばん：3つのうちの1番目
メッセージ：今日の

あてさき：ルビィ
さしだしにん：ジャンゴ
じゅんばん：3つのうちの3番目
メッセージ：あそぼうよ

あてさき：ジャンゴ
さしだしにん：ジュリア
じゅんばん：3つのうちの2番目
メッセージ：ごはん

あてさき：ジャンゴ
さしだしにん：ルビィ
じゅんばん：3つのうちの2番目
メッセージ：　なかよしで

あてさき：ジャンゴ
さしだしにん：ジュリア
じゅんばん：3つのうちの3番目
メッセージ：なに？

❶ ＿＿＿＿＿＿
❷ ＿＿＿＿＿＿
❸ ＿＿＿＿＿＿

❶ ＿＿＿＿＿＿
❷ ＿＿＿＿＿＿
❸ ＿＿＿＿＿＿

❶ ＿＿＿＿＿＿
❷ ＿＿＿＿＿＿
❸ ＿＿＿＿＿＿

れんしゅう16: IP（アイ・ピー）アドレス

インターネットのれんらくちょう

コンピューターは数字でできたIPアドレスをつかうけど、人間は単語でできたURL（Uniform Resource Locator）をつかう。DNS（Domain Name System）サーバーは世界中のIPアドレスとURLを知っているんだ。

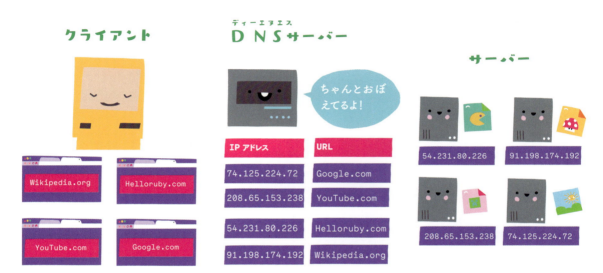

DNSのルックアップ・テーブル（アドレス表）をつかって、ルビィが行きたいウェブサイトのIPアドレスをみつけてみよう。どの画ぞうがどのウェブサイトで見られると思う？

「500 Internet Server Error」って書かれたページに出会ったら、それは「サーバーにあるウェブサイトが動かなくなっている」っていう意味。404 エラーメッセージが出たら、それは「ページがみつかりませんでした」って意味。

れんしゅう17： URL（ユー・アール・エル）

URLを元どおりにしよう

ＵＲＬを組み立てるのは、ジグゾーパズルみたい。プロトコルからはじめて、ドメインのピースをあつめて、いるならファイル・パスをつけたしてできあがり。

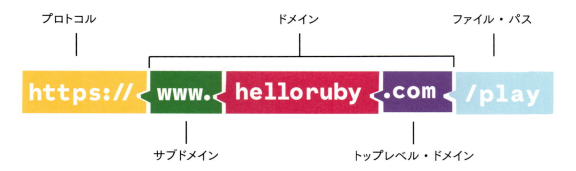

ルビィがＵＲＬを組み立てるのを手つだってあげて。「ルビィのぼうけん」のサイトのＵＲＬがつくれるかな？
ぜんぶをぴったりの場所におくために、色と形に気をつけて。ＵＲＬの中にはぜんぶの色をつかわないものもあるよ。

いっしょに考えよう

すきなウェブサイトに行って、アドレスバーにあるＵＲＬを書きとめてみよう。
どんなパーツに分けられる？

4 インターネット・サービス

インターネットはすごい技術のあつまりだ。でも、本当にインターネットをとくべつにしているのは、いろんな人がインターネットをつかってやりとりをして、他の人と考えやものごとを分け合う、そのやり方なんだ。

おどうぐ箱

インターネットは私たちの振る舞いや、考え、感じ方にまで影響を与えます。私たちはリンクや星をつける評価、コメントなどを使って、インターネットの向こうにいる人と繋がります。オンライン・コミュニティにアドバイスや手助けを頼むこともあります。

ブラウザは、見たいウェブページを閲覧させてくれるソフトウェア・プログラムです。どのウェブサイトにほしい情報があるかわからないときは、検索エンジンを使います。検索エンジンにキーワードを打ち込むと、要求に沿った内容のウェブページのリストが出てきます。検索エンジンは、検索結果のさまざまなアルゴリズムを使って検索結果に順番をつけています。

ウェブページ　アプリ　創造性　検索

れんしゅう 18： ウェブサイト

ウェブサイトをデザインしよう

ウェブサイトのデザイナーになってみよう。下に、ウェブページをつくってほしい人たちがいるよ。サイトのデザインを手つだってあげられる？ インターネットにあるいろんなサイトを見てアイディアをあつめよう。まずざっとワイヤーフレームを書いて、細かい部分をつけたしていこう。

ワイヤーフレームって、デザイナーがおおまかにアイディアを書いてみるやり方のこと。実際にたくさん時間をかけてウェブサイトを組む前にね。たいてい、ふつうの紙の上で、かんたんな四角や矢じるしや丸をかいてつくるよ。

アイスクリーム屋さんの新しいウェブサイトがほしいな。アイスクリームの、ぜんぶの味がならべて見られるページがいるでしょ。おねだん表と、お店が開いている時間も。あっそれから、お店の場所の地図があったらすっごくいいな。わたしのすきな色、オレンジと黄色、緑をつかいたいんだ。

どうぶつ病院を開いたから、病院に来る人が、けんさの予やくができるサイトをデザインしてほしくて。かんじゃの動物の写真も見られるといいな。

ぼくの雪の城づくりのなかまみんなと、意見をやりとりする場所がほしいんだ。写真もとうこうできて、それぞれのお城にひょうかと、コメントをつけたいな。

わたしは、ウェブページの組み立てをお世話する役。

ぼくは、見た目についてお世話する役。

それで、わたしはウェブページに動きをつける役!

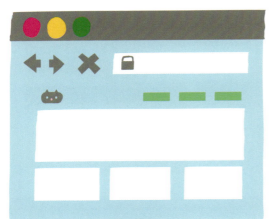
けんさくエンジン

オンラインショップ

会社のホームページ

きみはなにににくわしい? 他の人に教えてあげられることってなんだろう。自分がくわしいことについて、ウェブページかアプリをデザインしてみよう。

shoeisha.co.jp/book/rubynobouken/play/20 のサイトから、HTML、CSS、JavaScript がでてくるゲームをダウンロードできるよ。

71

れんしゅう 19： アプリ

つながりを持とう

インターネットをつかえば、いろんなやり方で人とやりとりができる。たとえばメッセージアプリや、Eメール、写真、動画、日記みたいなブログ、レビュー。いろんなタイプのやりとりは、それぞれちがう目的があって、だからそれぞれちがうやり方になるんだ。次のページの、いろんなメッセージを見てみよう。さいしょに、それぞれのメッセージにぴったりのデザインをえらんで。それから、みんなの代わりにノートにメッセージを書いてあげよう。ヒントをよく読んでね。絵をつけるのもわすれないで。

動画メッセージ
メッセージばんごう：

短いメッセージ
メッセージばんごう：

写真をみんなで見るアプリ
メッセージばんごう：

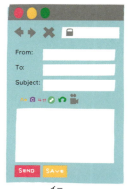

Eメール
メッセージばんごう：

みんなで話し合うサイト
メッセージばんごう：

オンラインショップ
メッセージばんごう：

メッセージ1

さしだしにん：ルビィ
あてさき：おばあちゃん
メッセージのもくてき：ルビィは、おやすみの日にどんなことをしたか、おばあちゃんに話したい。すてきな写真もとれたので、それも見せたい。
ヒント：おばあちゃんはきちんとした言葉づかいがすきで、インターネットっぽいおしゃべりの仕方はあんまりわからない。でも、すてきな絵文字はすきみたい。

メッセージ2

さしだしにん：ルビィ
あてさき：ジュリア
メッセージのもくてき：ルビィはジャンゴとジュリアの家におとまり会にいく予定。ルビィのパパは、ルビィの持ちものはなにを用意すればいいのかを知りたい。
ヒント：パパはいそいでいて、じゅんびするものをすぐに知りたい。

メッセージ3

さしだしにん：ルビィ
あてさき：パパ
メッセージのもくてき：ルビィはあたらしい外国語のことばをいくつかおぼえたから、パパにしゃべってみせたい。パパはびっくりしてくれると思うけど、いまは出張で外国にいるんだ。
ヒント：パパはいま寝ているかもしれないし、会議中かもしれないし、インターネットにつながっていないかもしれない。あとでも見ることができるかたちがいいね。

メッセージ4

さしだしにん：ルビィが入っているサッカーチーム
あてさき：チームメンバーのほごしゃたち
メッセージのもくてき：サッカーのれんしゅう時間が変わったことを知らせたい。
ヒント：ほごしゃたちは、話し合いができるサイトを持っているよ。

メッセージ5

さしだしにん：ルビィ
あてさき：ルビィの友だちみんな
メッセージのもくてき：ルビィはジャンゴがしあいでゴールを決めたときの、すっごい写真をとった。それをみんなに見せたいんだ。
ヒント：写真にせつめいと、いくつか楽しいハッシュタグもつけよう。ジャンゴに、写真をみんなに見せてもいいか、ちゃんときいた？

メッセージ6

さしだしにん：ジュリア
あてさき：ロボットにきょうみがある人たち
メッセージのもくてき：ジュリアは自分のロボットが大すき。オンラインショップでレビューをママといっしょに書きたいと思ってる。ロボットの電池がすぐなくなっちゃうのを、ちょっとざんねんに思っているんだ。
ヒント：レビューは、だれでも見える場所におかれる。だから、ちゃんとした言葉づかいをすることをわすれないで。ジュリアのレビューにひょうかのスターがつけられるといいな。ジュリアのロボットがすきな人たちが気に入りそうな、おすすめのアイテムを三つ考えてみて。

れんしゅう 20 ： 新しいものをつくり出す力

アートにちょうせん

だいたいぜんぶのスマートフォンにはカメラがついているから、写真や動画をとってインターネットに上げるのは、大人がよくやることだ。さぁここで、ルビィがきみにお題を出したよ。下のカードに書かれたアイテムを見つけられる？　写真をとったり、ぴったりの色で絵がかけるかな？

写真や絵を、ま四角に切りとって、ノートにはろう。短いせつめい書きをつけてもいいね。

他の人の写真をインターネットに上げるときは、かならず本人にOKをもらってね。

れんしゅう21： 新しいものをつくり出す力

絵文字の時間

絵文字は英語でもemojiって言うよ！日本語から伝わったんだ。

絵文字は、顔やお天気や、食べ物、動物、運動とかを表す画ぞうだ。ショートメッセージやEメール、インターネットでつかえるよ。絵文字は、メッセージの中で、自分の気持ちを伝えるほうほうになってる。楽しいとか、すきだとかね。
つかえる絵文字は決まった数しかないから、自由な思いつきで組み合わせてつかうようになる。絵文字はみんなの言葉になっているんだ。

- お話を聞かせて。それぞれの絵文字が、どれくらいたくさん気持ちを伝えられるか、言葉にするのはむずかしい。どんなときに、下にある絵文字をそれぞれつかった？ または、つかえそう？

- 絵文字に名前をつけてみて。下の絵文字それぞれに、どんな気持ちがかくれてる？ 友だちのつけた名前とくらべてみよう。他にも思いつくかな？

- やってみよう。へんな顔ってできる？ わけわかんない！ って顔は？ どの絵文字の顔まねをしているのか、友だちに当ててもらおう。
- デザインしよう。自分だけの絵文字をつくろう。感じたことのある気持ちを思い出して、どんなふうに絵文字になるかを考えよう。紙やボール紙、キラキラ光るラメとかのざいりょうをつかってね。

 shoeisha.co.jp/book/rubynobouken/play/14 のサイトから、絵文字シートをプリントアウトして、お面もつくれるよ。

れんしゅう22： けんさく

さがし物きょうそう

ルビィと問題をとくれんしゅうをして、下のさがし物をぜんぶそろえよう（大人といっしょにね）。見つけたものは書きとめていこう。

- "こんにちはルビィ"を10か国語で言う。
- 家から友だちの家までの道じゅんを見つける。
- YouTubeの動画を見て、新しいことができるようになる。
- おいしいチョコレートケーキのレシピを見つけて、ためしてみる！
- 天気予ほうアプリをつかって、今週の天気予ほうを見る。
- きみが生まれた日に、歴史で起こったじけんを見つける。
- ペンギンが赤いマフラーをしている写真を見つけるにはどうしたらいい？
- 生まれてから今日がなん日目かを知ろう。
- ニュースを一つ読んで。それから、同じニュースをべつの見方で書いた記事を見つけられる？
- "世界の絶滅危惧種"っていう同じ言葉を、二つのけんさくエンジンでそれぞれ調べてみて。二つのけんさくエンジンの、上のほうに出てくる結果をそれぞれ書きとめよう。どれが同じかな？

「ルビィの安全なけんさくのヒント」は
shoeisha.co.jp/book/rubynobouken/play/23
で見られるよ。

いっしょに考えよう

ウェブブラウザとけんさくエンジンの名前、なにか知ってる？

インターネットを通じて、たくさんの人がいっしょの問題にとりくんで、すばらしいかい決やアイディアにたどり着いている。これを「クラウドソーシング」って言うよ。

れんしゅう23： けんさく

クローラーにちゅうい！

けんさくエンジンは、とても小さなソフトウェア・ロボットをつかって、いろんなページからデータをあつめている。そのロボットのことを「クローラー」、または「スパイダー」って言うよ。クローラーはリンクからリンクへと動いて、サーバーにデータを持ち帰るんだ。クローラーがウェブサイトをわたりあるいて、そこにあるデータをぜんぶあつめているのは、なんのためだろう？

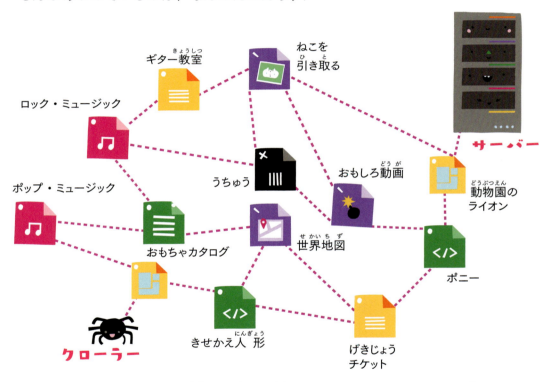

このサーバーは、けんさくに正しい答えを返すために、200ものデータを持っている。たとえばキーワードとか、タイトル、リンクといったデータだね。下のそれぞれのけんさくワードに、上のどのウェブサイトが返ってくると思う？

- "日本　場所"
- "ライオンキング　東京"
- "人工えいせい"
- "人形"
- "音楽"
- "ねこ　動画"

5 きをつけて!

インターネットには、楽しいことがたくさん。でも、インターネットで見たり聞いたりすることのぜんぶが、いいことだったり、本当だったりするわけじゃない。

おどうぐ箱

たくさんのウェブサイトが、私たちについての情報を集めています。時には、名前やEメールアドレスなど、自分自身のデータを提供することもありますし、何をクリックしたか、という情報だけのこともあります。

インターネット上での犯罪に関わるものは活発に動いており、毎日新しい脅威が現れます。それが、セキュリティとプライバシーについて油断してはならない理由です。セキュリティは、インターネットに向き合うとき、最も難しい問題の一つです。

インターネットを利用する際、ハードウェアとソフトウェアの両面でセキュリティの対策が可能です。けれど最終的には、自分自身の振る舞いが重要となるのです。

プライバシー　セキュリティ　マルウェア

安全にインターネットをつかうためのルビィのルール

インターネットにあることのぜんぶが本当ってわけじゃない。広告をちゃんと広告だと知ること、それからいじわるな人を相手にして悲しい思いをしないこと。なにかこまったことが起きたら、かならずたよれる大人に相談すること。

個人じょうほうはその人だけのもの。自分だけのものにしておこう。自分の住所や電話番号を人に教えないこと。アプリやウェブサイトの多くが、きみのじょうほうをほしがっている。いやになったときにれんらくを止めてもらえるかどうか、せっていを調べること。それぞれのアプリがどんなじょうほうにアクセスできるかを、きちんとえらぶこと。今、自分が何才かってことに気をつけること。子ども向けのサービスは、大人向けよりルールがきびしいよ。

インターネットは、どんなことも忘れない。これから先、何年もおぼえていてほしくないことについて、書いたりアップロードしたりしないこと。

インターネットでのいじめはさい悪だ。からかってきたり、いやな気持ちにさせたりするメッセージには返事をしないこと。そして、そのメッセージについてかならず大人に知らせること。

パスワードは大事。安全なパスワードのつくり方と、おぼえ方をみにつけよう。

マルウェア（悪いソフトウェア）は、見えないようにかくれている。アプリをダウンロードしたりインストールするときは、たよれる大人といっしょにチェックしよう。

いっしょに考えよう

家や学校で、きみがやくそくしたことのあるルールは、他になにかある？

れんしゅう24： プライバシー

#自どりデータ

みんな自分のことを、インターネットでたくさん人に知らせてる。
ウェブサイトは、そのサービスをつかうとき、きみのこのみや、よくする行動を知ることができる。きみのことについて、下にあるデータを答えてみよう。ぜんぶに答えなくてもいいよ。

5　インターネットでけんさくしたこと

4　お気に入りやいいねをしたもの

3　見た動画

2　スマートフォンを持って行ったことのある場所

1　メッセージを送ったことのある相手

家の人や友だちに同じことを聞いてみよう。みんなの#自どりデータの名前をかくして、だれがどれだかデータから当てっこしよう。その人は女の子？　男の子？　その人は何才くらい？　データから考えて、どんな人か絵をかいてみよう。かいた絵をならべて、小さなてんらん会を開こう。

いっしょに考えよう

どれについてなら、なかよしの友だちに話してもいい？　どれについてなら、知らない人にも話せる？

shoeisha.co.jp/book/rubynobouken/play/21 のサイトから、#自どりデータの用紙をプリントアウトできるよ。

れんしゅう25： プライバシー

ほんもの？　にせもの？

インターネットではだれでも、どんなことでも言える。だから、インターネットを歩いていると、本当とはちがうことに出会ったりもする。どれが本当でどれがうそかを見分けるために、その話の出どころに気をつけよう。だれが書いたのか、いつインターネットに書きこまれたのか、それから、どんな写真がつかわれているのか。

本当のこと？　考えたこと？

ルビィとジュリアはチャットをしている。どのメッセージが本当のことで、どれが考えたことかな？　どうして、この言い方は本当のことで、この言い方は考えたことだってわかるんだろう。

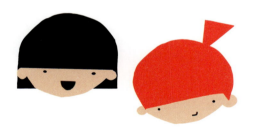

いっしょに考えよう

二つのお話をしよう。一つは本当で、一つはうそだ。友だちに、どっちが本当か当ててもらおう。友だちをうまくだませるかな？

れんしゅう26： プライバシー

広告？　記事？

インターネットのせんでんや広告は、おもちゃや食べ物、ゲームなんかについて知らせて、見た人が買いたくなるようにつくられている。インターネットにはせんでんがたくさん。広告が、インターネットをただでつかえるようにしているんだ。でも、どれがインターネット広告なのか、見分けるのはいつもかんたんってわけじゃない。これはルビィの街の新聞のウェブページだ。このページにはニュースがいくつかと、広告がいくつかのっている。

けんさくで出てきたリストの、どれが広告かわかる？　どれが記事かな？　その中で、どれがルビィがさがしていたものにぴったりかな？　それはどうして？

きみがどんなウェブページを見たのかは、きろくされて、きみのきょうみを引く広告を用意するのにつかわれている。ルビィが見たページのどれを元にして、下の広告がひょうじされていると思う？　当ててみよう！

むりょう？　むりょうじゃない？

むりょうのゲームが、いつもむりょうとはかぎらない。プレーヤーはゲームをつづけるために、なにかをするように言われることがある。このゲームを「なにもしなくても、むりょう」とは言えなくしちゃう三つのこと、さがせるかな？

> れんしゅう27： マルウェア（悪いソフトウェア）

マルウェア大パニック

毎日、新しい悪いソフトウェアがインターネットにときはなたれてる。いじの悪い、びっくりすることがたくさんあるんだ。スパイウェアやトロイの木馬、ウイルス、フィッシングさぎやその他、よくない目的でのつかい方。

だれがはんにん？

画面のぜんぶの文字が、画面の一番下に落ちていくようになっちゃった。
もくげきしょうげんを読んで、パニックをつくりだしたマルウェアがどれか当てよう。

ようぎしゃ：

カスケード　　　　ブレイン　　　　マイドゥーム

もくげきしょうげん：#1	もくげきしょうげん：#2	もくげきしょうげん：#3
はんにんのウイルスはむらさきとピンクの色をしていたよ。	はんにんは四角の目か、三角の目をしていたみたい。	他のことはぜんぜんわからないけど、はんにんに水色はなかったよ。

なんてこった！コンピューターがまた悪いソフトウェアにかんせんしちゃった！
今回は、テレビばんぐみのスクリーンショットをあちこちに送ってる。

ようぎしゃ：

スタックスネット　　　サッサー　　　　メリッサ

もくげきしょうげん：#1	もくげきしょうげん：#2	もくげきしょうげん：#3
はんにんはむらさきじゃなかったよ。	はんにんは水色か緑の目をしていたよ。	はんにんは短いしっぽと足だった。

DDoS（ディードス）

ハッカーがたくさんのコンピューターやデバイス（機械）をのっとって、ものすごい量のリクエスト（「このデータがほしいな」っていうおねがい）をサーバーに送り始めたら、サーバーはおそくなって止まっちゃう。これをDDoS（Distributed Denial of Service）こうげきってよぶよ。

あっ、二つのデバイスが、かわいそうなサーバーに多すぎるリクエストを送って、ウェブサイトが止まっちゃった。どれがサーバーに二つのリクエストを送っているか、わかる？

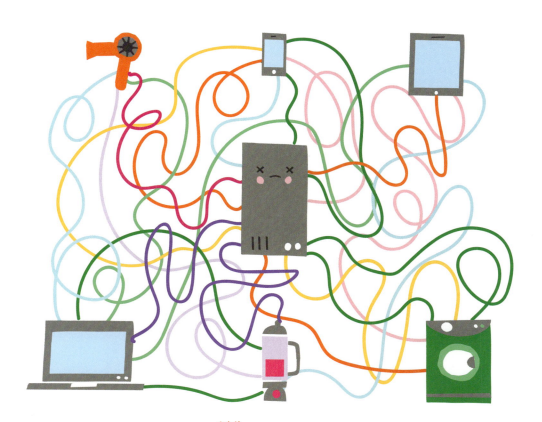

 いっしょに考えよう

悪いウィルスの絵をかいて、名前をつけよう。このウィルスに引っかからないようにきみのコンピューターを守るには、どうすればいいかな？

れんしゅう28： マルウェア（悪いソフトウェア）

フィッシングさぎ

フィッシングさぎは、ほんもののサービスのふりをして人をだまそうとするもの。にせのEメールとURLは、ほんものそっくりにつくってある。下のアドレスのうち、どれが「ルビィのぼうけん」のサイトのURLかな？　そうじゃないのはどれ？　れんしゅう17（68ページ）がきっと役にたつよ。

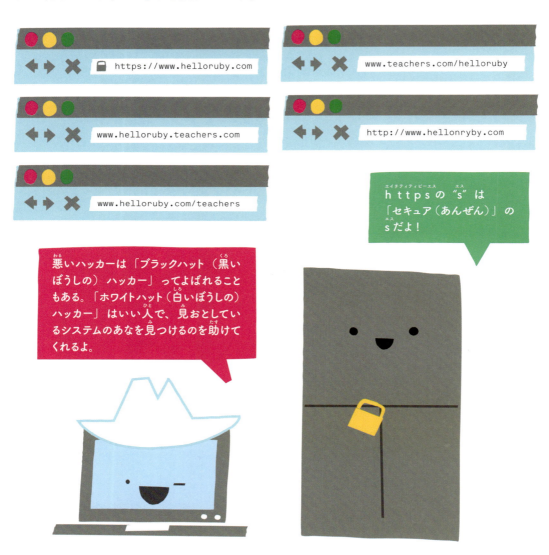

れんしゅう29： セキュリティ

ひみつを守れ！

インターネットにあるデータのほとんどは、「オープン」だ。それって、インターネットの通り道にあるルーターから、パケットの形で受けわたすデータの中身を見られるってこと。

インターネットにメッセージをひみつのまま送るためには、データをさいしょに暗号にするのが大事だ。暗号化は、データの旅のとちゅうを守るための置き換えルールみたいなものだよ。

ばらばらのパケットで送られたデータは、行きたい場所についたら元の一つにあつまったり、暗号をとかれて元の形にもどったりする。ジュリアは二つのメッセージを送って、下の暗号表で暗号化したよ。この暗号は、それぞれの絵が、それぞれ一つのひらがなを表している。この手がかりをつかって、ジュリアのメッセージを元にもどせる？

shoeisha.co.jp/book/rubynobouken/play/22 のサイトから、暗号表をプリントアウトして、自分だけの暗号表をつくれるよ。

6 インターネットのしょうげき

インターネットは、まほうみたいなすごい発明(はつめい)だった。みんなの生活(せいかつ)の中(なか)の、いろんなことをすごい速(はや)さでかえていったんだ。

おどうぐ箱

インターネットは簡単に素早く、新しいアイディアを広めます。今や地球の半分の人々がインターネットに接続しています。そして、スマートフォンを手にインターネットに繋がる人の数はますます増え、テクノロジーにかかるコストはますます低下して、インターネットの広がりと変化はとどまるところを知りません。
IoT（Internet of Things）はインターネットにつながったデバイスによって構成されるものです。デバイスは人や、アプリや、デバイス同士で通信することができます。

- IoT
- インターネットのみらい

れんしゅう 30： インターネットのみらい

コピーのコピーのコピー

インターネットはコピーをする機械だ。クリック、写真、なにかやったことはなんでも、インターネットを通じて送られるときになんどもコピーされる。どんなメッセージも、ルーターを通してサーバーに送られる旅の間に、小さなたくさんのコピーに細かく分けられる。しかもそれぞれのメッセージは、たくさんのサーバーの中にねんのために取っておかれる。下にある絵のそれぞれ、いくつコピーがあるか数えられる？

いちどインターネットに上げちゃったものは、どんなものでも、消すことがすごくむずかしいんだ！

れんしゅう31： インターネットのみらい

インターネット生活

毎日の生活でやっているいろんなことが、インターネットをつかってやることになっていってる。下に書いた「やること」をインターネットにおきかえたアプリやサービスの名前を知ってる？　下のやることリストにつけたしたいもの、他にある？

インターネットができる前　　**やること**　　**インターネットのせかい**

アニメを見る。
写真を人に見せる。
日記をつける。
思いつきをあつめる。
友だちと家族をよぶ。
電話番号と住所を見つける。
音楽をきく。
友だちとおしゃべりする。
天気をチェックする。
お買い物。
ゲームをする。
お金をしはらう。

> インターネットは、ゆるくつながった小さなものたちでできている。だから、だれだってそこに入って、一部になることができる。でも、今はたくさんのインターネットのサービスが、大きな会社のものだね。

れんしゅう 32： IoT（アイ・オー・ティー、インターネット・オブ・シングス）

すべてがインターネットになる

これから、みんなを取りまく毎日の生活のたくさんのことが、インターネットにつながっていく。黄色いカードに書かれていることと、青いカードに書かれている活動を組み合わせてみよう。どんな組み合わせがインターネットになりそうかな？

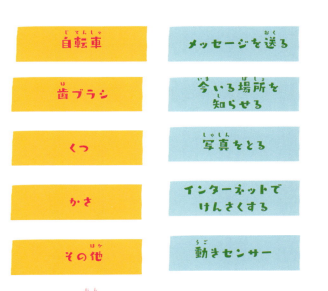

これは、コンピューターがインターネットにつながったら、できること。

ルビィが思いついたのはこんなこと：

- かぞくに、わたしが家に帰ったことを知らせる。

- お日さまがのぼったら、わたしの部屋のカーテンを開けて、時計つきラジオからおはようの歌をながす。

- うさぎがおなかをへらしていたら、Eメールを送る。

91

れんしゅう33： インターネットのみらい

自分だけのインターネットをつくろう

夜の間に雪はみんなとけて、ルビィとジュリア、ジャンゴの雪のインターネットはなくなっちゃった。今度は、きみがインターネットをつくる番。ノートをとりだして、次のページにあるみたいなたて線とよこ線を書こう。まっすぐ線を書くのには、じょうぎをつかうといいよ。

ジュリア

ジュリアのアドバイス：インターネットをつくるには
次のデバイスをそれぞれのマスにおくこと
- スマートフォン（A4）
- タブレット（B2）
- ノートパソコン（B5）
- サーバー（D3）
- インターネットにつながってなさそうだけど、つながってるもの（A3）
- ルーター（D4）
- ぜんぶのデバイスを線でむすんでコンピューター・ネットワークをつくってみよう。

どんな名前のネットワーク・パターンになった？ れんしゅう4（50ページ）を手がかりにしてね。

ジャンゴ

ジャンゴのインターネットづくりの手引き
次のものをそれぞれのマスにおくこと
- コンピューターどうしがおしゃべりするときは、あるネットワーク・プロトコルをつかうよ。そのプロトコルの名前を書こう。（B3）
  れんしゅう17（68ページ）にヒントがあるよ。
- DNSサーバーを（C3）において、（D3）にあるデバイスと線でつなごう。
- きみのお気に入りのページのURLを書こう。（C4）
- つかっているブラウザの名前を書こう。（A1）

 shoeisha.co.jp/book/rubynobouken/play/24 のサイトから、せっけいずをプリントアウトできるよ。

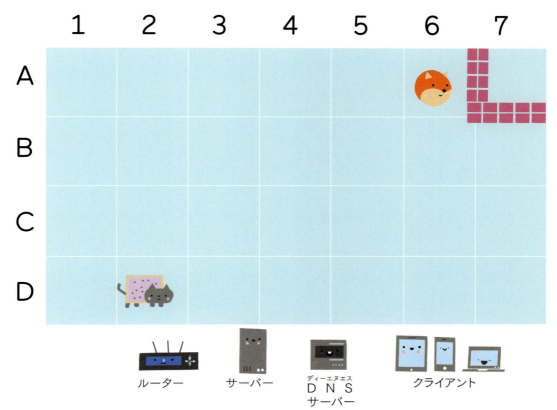

ルビィも、インターネットつくり方に ちょっとアドバイスがあるみたい

次のものをかいてみて！

- マルウェアからきみのインターネットを守ってくれるファイヤウォールが（A7）。怒ったウィルスをファイヤウォールの後ろにかきこもう。
- わたしのお気に入りが（D2）にあるよ。なに色をしてる？ あなたのインターネットのお気に入りをかいてみて。（B7）
- 次のどの言葉があなたのインターネットにぴったりかな？ 「やさしい」、「おもしろい」、「まじめ」、「たよれる」、「こわい」、「他とかかわらない」、「かしこい」、「ワクワクする」。自分で思いついた言葉でもいいよ。えらんだ言葉を書いて。（B1）
- 空いているマスに、あなたがインターネットについて知っていることを字や絵でかいて。

用語集

アプリケーション（略してアプリ）：アプリケーションは、コンピューター・プログラムです。アプリはインターネットや、スマートフォンや、コンピューターにあります。ゲームから文章作成ソフトまで、たくさんの種類のアプリがあります。

アルゴリズム：アルゴリズムは、ある問題を解決するための、具体的な手順のあつまりです。GoogleやBingといった検索エンジンは、検索結果の並び順を決めるのに検索アルゴリズムを使っています。

インターネット：コンピューターの世界的なネットワークで、情報を共有できます。

ウェブ（World Wide Web）：ウェブはインターネットの一部で、ウェブブラウザを使ってアクセスできます。ウェブはとても多くのウェブサーバーによって構成されており、サーバーにあるウェブサイトは互いにリンクし合っています。

クライアント：デバイス、あるいはソフトウェア・プログラム。サーバーが提供するサービスを使う側です。ノートパソコン、タブレット、スマートフォンなどがクライアントの代表的な例です。

クラウド・コンピューティング：インターネット越しに提供される、コンピューターを利用したサービスです。データを手元のコンピューターに保存する代わりに、インターネットの向こう側にあるサーバーに保存し、そのデータを使って計算することができます。

クローラー（あるいはスパイダー）：小さなソフトウェアのロボットで、検索エンジンはこれを使って様々なウェブページから情報を集めます。

検索エンジン：ウェブページの情報の検索に役立つプログラムです。検索エンジンは、検索結果の並び順を決めるのに検索アルゴリズムを使っています。

サーバー：データを保存し、他のコンピューターに何かを提供するコンピューター。

帯域：情報がインターネット接続を通して転送される際の転送の速さのこと。

ネットワーク：互いにつながりのある人やもののグループ。

ネットワーク・トポロジー：コンピューター・ネットワークを構成する様々なパターンのこと。一般的なネットワーク・トポロジーには、星型、バス、網の目、輪、木などがあります。物理的トポロジーは、様々な構成要素の配置を表し、論理的トポロジーはネットワーク間をどのようにデータが流れるかを図示します。

ネットワーク・ハードウェア：インターネットの電気的、あるいは機械的な部品です。ケーブル、ルーター、サーバーなど。

ネットワーク・プロトコル：機器同士でやりとりする際のルール。たとえばデータのパケットがインターネット間でどのように受け渡されるかなど。プロトコルのおかげで、インターネット上のすべてのコンピューターは互いのことを理解で

きるのです。

パケット：ネットワークを渡るデータの小さなかたまり。メッセージはインターネットを旅する前に、データ・パケットに分割される必要があります。

光ファイバーケーブル：データを光として送信するケーブル。

ブラウザ：ソフトウェア・プログラム。見たいウェブページを出してくれます。

マルウェア：マルウェアはマリシャス（悪意ある）ソフトウェアの略で、コンピューターを混乱させる目的で使われるすべてのソフトウェアのことです。たとえばウイルス、フィッシング詐欺、トロイの木馬やその他の不正利用など。

ルーター：インターネットを巡る際に、正しい目的地にたどり着けるように情報を転送する機器。

DNS（Domain Name System）：URL のドメイン部分を IP アドレスに変換したり、その逆をしたりするシステムです。ドメイン名を使って URL を組み立てます。

HTTP（Hypertext Transfer Protocol）：ウェブ上でハイパーテキスト（複数の文書、画像、音声などを関連付けた形式の文章）を転送するためのプロトコル。HTTPS は HTTP の安全なバージョンのプロトコルです。

IoT（Internet of Things）：インターネットに接続しているデバイスで、互いにデータを送受信できます。

IP アドレス：インターネットに繋がるすべてのものに割り当てられる、機器を判別するための番号。

ISP（Internet Service Provider）：会社や組織で、インターネット接続やその他のインターネット・サービスを提供するものです。

TCP/IP（Transmission Control Protocol/Internet Protocol）：インターネット・プロトコルのうち主要なものの一つで、各コンピューターがデータのパケットを送受信する際に従う、一ステップずつのガイドを提供します。

URL（Uniform Resource Locator）：人間に覚えやすいアドレスで、ウェブページを見つけるときに使います。

Wi-Fi：無線を使って情報を送信する、ワイヤレス技術です。

> ウェブ（WWW）は「インターネット」と同じじゃない。ウェブは、インターネットを使って情報にたどりつく方法のことだよ。

リンダ・リウカス、はフィンランド、ヘルシンキ出身のプログラマーであり、作家であり、イラストレーターです。『ルビィのぼうけん』第一作『ルビィのぼうけん こんにちは！プログラミング』は2015年に出版されました。シリーズ第二作目『ルビィのぼうけん コンピューターの国のルビィ』は2017年、そして本作である第三作目『ルビィのぼうけん インターネットたんけん隊』は2018年です。

ルビィのぼうけんシリーズの版権は、2018年現在20か国以上に販売されています。2017年には、ルビィの遊び心に満ちた教育哲学が、中国で最も大きなデザインの賞、DIA（Design Intelligence Award）の金賞を受賞しました。

ルビィのぼうけんのアイディアは、キックスターター（Kickstarter）で発表され、たった三時間と少しで10,000ドルの目標金額を達成、いつの間にかキックスターターで最も資金を集めた子ども向けの本の一つとなりました。

リンダは「プログラマー的思考法」の領域での中心人物の一人です。彼女のTEDでのトーク、「子供に楽しくコンピューターを教えるには」は、1,800万回以上再生されています。リンダは、Rails Girlsの創始者の一人でもあります。Rails Girlsは、あらゆる場所で若い女性にプログラミングの基礎を教える世界的な運動です。ボランティアで組織され、ここ数年で270もの都市で開かれています。

リンダは以前「コードアカデミー」という、世界中に数百万のユーザーを誇るニューヨークのプログラミング教育の会社で働いていました。ですが、子ども向けの絵本の制作に集中するためにそこを去ります。彼女は、子ども向けの絵本が、子どもたちがテクノロジーとコンピューター、そしてプログラマー的思考法に触れるための最適な場所の一つだと信じています。

リンダはまた、プログラミングを21世紀の教養であり、創造性を形づくる言葉でもあると信じています。私たちの世界はますますソフトウェアによって動かされるようになっています。すべての子どもに、もっとプログラミングを知る権利があるのです。

helloruby.comから登録することで、毎月のニュースレター（英文）にて、子どものテクノロジー教育についての最新情報とアイディアを受け取ることができます。

鳥井雪(とりいゆき)は、プログラミング言語Rubyを使用するプログラマーです。この本の著者、リンダ・リウカスが創始者の一員であるRails Girlsを、2013年に東京で開催し、その後の日本での開催をサポートしています。また、島根大学で年に1回、Ruby on Rails（RubyによるWeb開発のためのフレームワーク）の授業を行い、また、オンライン講座でRuby on Railsの授業を担当するなど、Rails初心者のためのワークショップを多数経験しています。2016年、『ルビィのぼうけん』のワークショップを、福岡・東京・島根において企画・実施（内閣府の子ども霞が関見学デー、小学校の特別授業等）。
株式会社万葉技術開発部所属。

訳者のことば

「子どもにインターネットを教える」となると、どんなにインターネットに詳しい大人でも、少しとまどってしまうことでしょう。

インターネットは、膨大な技術の積み重ねであり、最新技術によってどんどん更新されていくものでもあります。

また、インターネットは文化でもあります。人々が情報をやり取りする場所でもあり、新しい価値観が生み出される場所でもあります。さまざまな側面を持つインターネットの、どこを、どのように教えていけばいいのでしょうか？

本書では、インターネットのさまざまな性格を、ルビィ、ジュリア、ジャンゴのそれぞれのキャラクターとともに表現しています。ルビィが友だちと関わりを持ち、一緒に雪のインターネットをつくりあげることで、インターネットが「みんなでつくるもの」であることも伝わるでしょう。

そして子どもたちは、れんしゅうもんだいパートで、インターネットを構成する知識を楽しく、ゲーム感覚で学ぶことができます。扱う範囲は機器の面からセキュリティまで、幅広くそして必要なことばかりです。れんしゅうもんだいパートの手厚さに、わたしは「子どもたちにインターネットについて正しく安全に学んでほしい」という、リンダの真摯な気持ちを感じました。

オンラインのインターネットに対して、オフラインの身の回りのことを「real-life」、現実生活、と呼ぶことがあります。けれどわたしたちの、そして子どもたちの生活は、これからますますインターネットとリンクしていくでしょう。ビジネスの連絡から、友人との遊びの打ち合わせ、ゲーム上でのコミュニケーション、興味ある分野のコミュニティへの参加やコミュニティづくり。インターネットは、もはや「別の世界」ではなくて、わたしたちが生きていく世界の一部です。正しい知識を持って、子どもたちがインターネットの力を安全に、十分に活用し、実りある生活を手に入れることを願っています。本書がその最初の一助となれば幸いです。

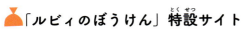「ルビィのぼうけん」特設サイト
https://www.shoeisha.co.jp/book/rubynobouken/

ルビィのぼうけん
インターネットたんけん隊
2018年12月21日 初版第1刷発行

作	リンダ・リウカス	
訳	鳥井 雪（とりぃ ゆき）	
発行人	佐々木 幹夫	
発行所	株式会社 翔泳社	
	（https://www.shoeisha.co.jp）	
印刷・製本	大日本印刷株式会社	

日本語版デザイン●森デザイン室

●本書は著作権法上の保護を受けています。本書の一部または全部について、株式会社翔泳社から文書による許諾を得ずに、いかなる方法においても無断で複写、複製することは禁じられています。
●本書へのお問い合わせについては、下記の内容をお読みください。
●落丁・乱丁本はお取り替えいたします。03-5362-3705までご連絡ください。

ISBN978-4-7981-5986-7　Printed in Japan

本書内容に関するお問い合わせについて
本書に関するご質問、正誤表については下記のWebサイトをご参照ください。お電話によるお問い合わせについては、お受けしておりません。
正誤表● https://www.shoeisha.co.jp/book/errata/
刊行物Q&A● https://www.shoeisha.co.jp/book/qa/
インターネットをご利用でない場合は、FAXまたは郵便にて、下記にお問い合わせください。
送付先住所
〒160-0006　東京都新宿区舟町5　（株）翔泳社 愛読者サービスセンター
FAX番号：03-5362-3818

ご質問に際してのご注意
本書の対象を越えるもの、記述個所を特定されないもの、また読者固有の環境に起因するご質問等にはお答えできませんので、あらかじめご了承ください。
※ 本書に記載されたURL等は予告なく変更される場合があります。
※ 本書の出版にあたっては正確な記述につとめましたが、著者や出版社などのいずれも、本書の内容に対してなんらかの保証をするものではなく、内容に基づくいかなる結果に関してもいっさいの責任を負いません。